我是一滴水，居住在一颗蓝色的星球上。自这颗星球诞生的那天起，我便开始了长长的旅行……

· 第五届“童阅中国”原创好童书（30种）
· 自然资源部“2025年自然资源优秀科普图书”
· 江苏省“十四五”时期重点出版物出版专项规划项目

一滴水的奇妙之旅

王嵘 著
任嘉 郑卉 绘

河海大学出版社
HOHAI UNIVERSITY PRESS
· 南京 ·

目录

蓝色星球的秘密

一座冒烟的火山告诉我，这颗蓝色的星球叫地球，它出生在宇宙的一场大爆炸之中。听说刚刚出生的地球可不是现在这个模样。

太阳家族的往事

经过大爆炸的宇宙，形成了很多很多的恒星，太阳就是其中的一个。太阳的附近游荡着许多尘埃和岩石，它们有时相互碰撞，有时相互拥抱，不久之后便诞生了 8 个奇奇怪怪的行星。这些行星围绕着太阳旋转，它们和太阳周围的其他天体一起组成了太阳系。

火星的土壤里有铁物质，让它看起来红红的。

太阳是一个燃烧的大火球，核心的温度高达 1500 多万摄氏度。它的里头不停地发生核聚变，像有数不清的核弹一边爆炸，一边发射出光与热。

地球的引力能将空气牢牢吸住，形成大气层。

水星是太阳家族里离太阳最近、体积最小的成员。一面极度地烫，一面又极其地冷。

金星身上包裹着厚厚的云层与神秘的雾气。

天王星是蓝色的，因为它的大气层里漂浮着很多很多的甲烷。

海王星离太阳最远，是个十分寒冷的星球。

木星是太阳家族里最大最重的成员，但它的身体几乎由气体组成。大气中刮起的旋涡风暴，在它的身上制造出了独特的彩云图案。

土星戴着一圈十分壮观的环，和木星一样，也是由气体组成的行星。

地球刚出生的模样

刚出生的地球热得像个大火炉，到处是喷出浓烟和岩浆的火山，还常常忍受着流星们不停的撞击。

后来流星们光临地球的次数变少了，地球表面的温度慢慢下降。

火山喷出的岩浆也慢慢冷却、慢慢结块，变成了坑坑洼洼的地壳，那便是地球最早的陆地。

大海是个蓝蓝的摇篮

天上落下一片海

火山喷出的浓烟，不断地飘向天空。这些气体包裹着地球，在天空形成厚厚的大气层和一朵朵流浪的云。

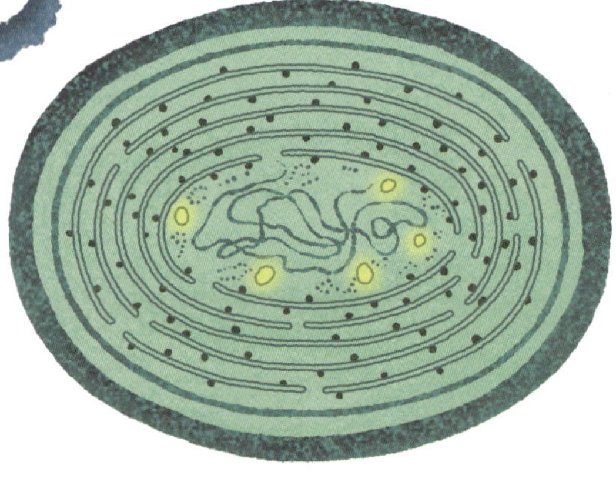

最早的单细胞生物之一
蓝藻

最初的生命

经过上亿年的等待，海洋里的物质孕育出了最初的生命，虽然它只是一个简单的细胞。

蓝藻们通过光合作用吸入二氧化碳，吐出氧气，成为地球上最早的氧气制造者。经过它们的不懈努力，大气中的氧气变得越来越多，地球上开始诞生更多更复杂的生命……

当地球慢慢冷却，当一阵阵风吹向天空，这些云朵就变成雨水落向地面。

有些雨水因为天气太热，蒸发成水蒸气重新回到云朵里。

有些雨水则顺着大地，慢慢聚集成最早的海洋。

海水里漂浮着很多化学物质，有氢、氮、碳、氧、硫等元素。它们在阳光的照射下，雷电的轰鸣里，神奇地开始变身……

通常，温度超过 100 摄氏度时，水会沸腾变成水蒸气。

温度在 0 摄氏度以下时，水会凝结成冰。

温度在 0～100 摄氏度时，水是液态的。

来自深海的朋友们

大约5亿多年前，我在深蓝的大海里认识了各种各样的怪朋友。它们有的像一只只比雨伞还要大的虫子，有的像鸟儿张开翅膀一样，挥舞着触角在水中飞舞，还有的甚至长出了企图离开大海的“装备”。

称霸过世界的三叶虫

在早期的海底，慢悠悠地爬行着一种叫三叶虫的生物。它们的适应力极强，会游泳、会漂浮，当遇见可怕的敌人时，还会卷起带刺的盔甲来防卫。在地球生活的3亿多年间，它们繁衍出了许许多多的种类。最长的三叶虫可以有90多厘米，最短的只长到1毫米左右。

它们背上的壳生长着2条明显的竖纹，身体看似被分成3瓣，三叶虫的名字就因此而来。

挺起腰杆的昆明鱼

除了三叶虫在壮大自己的部落，海里的鱼类也不甘示弱。它们长出了脊索，让身体能做出更多高难度的动作。身长不足3厘米，身高不到6毫米的昆明鱼，虽然它们的个头很小，却是大海里最早长出脊索的动物。

脊索能支撑起软绵绵的身体，但它不是硬邦邦的骨头，更像一种充满弹性的软骨。后来，很多动物抛弃了不太结实牢固的脊索，长出了更加坚固耐用的脊柱。

逃脱末日的鹦鹉螺

鹦鹉螺是著名的“活化石”，它们背着形似鹦鹉嘴的螺旋外壳，逃过了5次生物大灭绝存活到现在。那时的鹦鹉螺凭着巨大的身子、不好惹的脾气，很快抢走了三叶虫的海洋霸主的地位。它们常常用触手分泌出黏黏的液体埋伏在海底的石头上，等到月亮升起的时刻就开始凶猛的捕猎。

想要吃肉的全颌鱼

当大海里的生命变得越来越多，大海也变得越来越凶险。为了活下去，一些生物演化出了能让嘴巴一张一合进行捕食的颌骨。其中全颌鱼长出的颌骨非常标准，成为动物们争相模仿的对象。

大约在4亿年前，地球变得异常炎热，大海和湖泊里的水经过蒸发变得越来越少。逐渐缩小的海洋里，到处游动着嘴巴一张一合的捕猎者，一些想要活下去的海洋生物准备向陆地进军……

两栖动物的秘密

两栖动物都有变态发育的过程。幼年时与成年后在样貌和生活习性上有着巨大的差异。鱼石螈幼年时生活在水里，用鳃呼吸，成年后常常居住在陆地上，用肺呼吸。

它们拥有的颈部关节，能让头部灵活转动，更好地发现猎物与危险。

它们长出的眼皮能让眼睛保持湿润，抵挡陆地吹起的风沙。

裸露的皮肤能分泌出黏黏的液体，帮助它们呼吸。

由鱼鳍演变而成的四肢，让它们在陆地上自由自在地爬行。

最成功的登陆者、最原始的两栖动物

鱼石螈

欢迎来到地球植物园

其实当海里的动物准备向陆地出发时，海里的植物们已经早早带着我开始在陆地旅行。我们在滚烫龟裂的大地上寻找安家的角落，在乌云密布的天空下追踪太阳的方位。我们蹚过河水、穿过峡谷、翻过高山，在未知的四季里，在没有终点的旅途中，这些植物们变幻出令人眼花缭乱的姿态……

苔藓植物

大约4.8亿年前，藻类从大海“爬”向陆地。干旱缺水的大地阻碍了它们的脚步。

它们有的弯下身子，让叶子匍匐在地上吸取着土壤里的水分。

有的则丢掉笨重的大叶子，缩成细小的绒毛平铺在地上，减少水分的流失。

这些改变让它们成了陆地上的苔藓植物。

热爱阳光的蕨类植物

解决了缺水的问题，一些植物们又惦记起温暖的阳光。它们长出了像骨骼一样的维管，支撑起身子拼命地向天空生长，想要吸收到更多的阳光。

维管还能像吸管一样，吸取地下的水分和养料运送到身体的各个地方。只顾着向上生长，忘记长出叶子的它们，成为陆地上的裸蕨植物。它们是大地上高等植物的祖先。

后来，一些蕨类植物不仅会长高，还长出了茂盛的叶子，它们连成了陆地上第一片原始森林。可是2亿多年前，这些高大的植物不幸“去世”后深埋地下，亿万年后成了等待挖掘的煤。

孢子与种子的决斗

苔藓植物和蕨类植物都是通过孢子养育下一代的。但孢子是一种脆弱的细胞，需要在温暖潮湿的环境里才能好好长大。

于是一些植物生出了由种皮保护、不挑剔环境就能繁殖下一代的种子。种子的个头比孢子大很多，能储存更多的养料。能生出种子的植物很快占领了陆地，它们可以被分为裸子植物和被子植物。

植物们不仅会吸收水分，还会将水分以水蒸气的形式排出体外，这叫蒸腾作用。蒸腾作用能帮助植物降温，还能让我们这些小水滴更快地回到天上，再变成雨水从天而降。

会开花结果的被子植物

被子植物的种子被厚厚的果皮包裹着，在地球的各个地方都能瞧见它们的身影。它们的样貌多变，种类最多，有参天的大树，也有不起眼的小草。

不会开花，很难结果的裸子植物

裸子植物的种子没有果皮保护，裸露在外面。但这依旧让它们的种族遍布天南海北，松柏和银杏就是常见的裸子植物。

你好！恐龙家族

在漫长的旅行中，恐龙是我遇见过最难忘的朋友。它们有的比山还要巨大，有的瘦瘦小小，跑起来比闪电还快。听说它们的祖先是爬行动物，是从 3 亿多年前的两栖动物演化而来的。

始盗龙

目前发现的最早、最原始的恐龙之一。

身上披着鳞片或厚厚的角质，不仅可以保护身体，还能防止水分流失。

用肺部呼吸，吃东西时不会咀嚼，而是一口吞进肚子。

变温动物也叫冷血动物，大多生活在气候温暖的地方。它们会在寒冷的冬天冬眠，有时还在炎热的夏天夏眠。

爬行动物用四肢爬行。但恐龙有点特别，它们的四肢长在身子正下方，而不是像其他爬行动物那样长在身子两侧。这让恐龙站得更直，更方便它们走路和奔跑。有的恐龙甚至只靠后面的两条腿移动，前肢则用来捕食猎物。

听到更多的声音

爬行动物们长出的中耳，成为很多脊椎动物模仿的对象，很多动物开始拥有更好的听力。

中耳是从鱼的鳃弓慢慢变化而来的。 鳃弓先变成舌颌骨。 舌颌骨与颌骨分离，变成耳小骨。

我认识的大多数恐龙都生活在陆地上，但有的也能飞到天空中。它们之中有温和的素食主义者，有无肉不欢的大胃王，还有什么都吃从不挑食的贪吃鬼。

真双齿翼龙

尾巴上长着钻石形状的尾缀，用来在飞行中控制方向。

中华龙鸟

据说长着褐橙相间的羽毛，很会奔跑。

三角龙

用头上的角战斗和求偶，看上去有点凶，但是个爱吃草的家伙。

霸王龙

最有名的食肉恐龙，身子巨大，十分凶猛。

梁龙

身体超长的恐龙，脖子可以长到7米多，尾巴可以长到13米。

盾龟龙

长着类似海龟的鳍状肢，尖尖的嘴巴可以压碎海底生物的甲壳。

张开翅膀还是钻出地面

在地球的旅行常常会遇到惊喜与快乐，不过有时也会撞上灾难和悲伤。在地球越变越蓝的时候，天边常常会闯入一些可怕的流星。它们重重砸向地面，让大地因疼痛而剧烈震动，让火山惊恐地喷出岩浆，还让海水愤怒地卷起巨浪。每当这时，我只能搭乘着浓烟逃向天空，在天空中继续流浪。好不容易再回到地面时，很多朋友都会消失得无影无踪……

五次生物大灭绝

- 奥陶纪－志留纪灭绝（约 4.4 亿年前）
  大约 85% 的物种灭绝。有领生物抓住这次机会壮大自己的族群。

- 晚泥盆纪灭绝（约 3.7 亿年前）
  大约 75% 的物种灭绝。大量动物长出四肢，打算去陆地寻找生机。地球开启了“两栖动物时代”。

- 二叠纪－三叠纪灭绝（约 2.52 亿年前）
  大约 96% 的海洋物种和 70% 的陆地物种灭绝。几乎被清空的地球，等待着爬行动物的登场。

- 三叠纪－侏罗纪灭绝（约 2 亿年前）
  大约 75% 的生物灭绝，海洋成为重灾区。大灾过后，地球将迎接恐龙霸主的到来。

- 白垩纪－古近纪灭绝（约 6600 万年前）
  大约 75% 的物种灭绝，恐龙的消失为胆小的哺乳动物创造了新的机会。

是恐龙也是鸟——始祖鸟

大约 1.45 亿年前出现的始祖鸟，可能是世界上最古老的鸟类之一。它的身上既有鸟的特征，也有恐龙的特征，常常被当作恐龙演化成鸟的证据。

关于鸟类的秘密

不长牙齿，但有坚硬的喙。

流线型的身形，轻薄的骨骼，变化成翅膀的前肢，让大部分鸟拥有了飞翔的本领。

通过卵生，繁育后代。

卵生指受精卵在妈妈的身体外独立长大。简单来说，就是小宝宝是从一颗卵里孵化出来的。

蝙蝠

唯一能在天空飞翔的哺乳动物。

摩尔根兽

出现在大约 2 亿年前，是早期哺乳动物的代表。虽然它身形较小，比较原始，但可能是大多数哺乳动物的祖先。

跳鼠

长得像缩小版的袋鼠，弹跳力超强，能跳到 1 米多高。如今还生活在非洲的大地上。

哺乳动物的秘密

大部分成员身上都披着毛发。

长着外耳，听力很好。

长着多功能的牙齿。

用肺部呼吸。

大部分成员通过胎生繁育后代。

胎生指受精卵在妈妈的身体里慢慢长大。简单来说，小宝宝一出生就直接是一个比较完整的小动物。

中华侏罗兽

长着长长的尾巴和四肢，行动十分敏捷，像一只小老鼠。它可能是最早拥有胎盘的哺乳动物。

剑齿虎

有着比狮子还大 1 倍的体型，长着一对长长的牙齿。凶猛的剑齿虎是当时动物们都害怕的对象。可惜在大约一万年前灭绝了。

猛犸象

能在非常寒冷的地方生活，是陆地上存在过最大的哺乳动物。但在一万多年前灭绝了。

巴基斯坦古鲸

目前已知最古老的鲸类。

人类的脚步

从古猿到智人

约 1000 万年前

森林大量消失，森林古猿学会了直立行走。

约 580 万年前

拥有猿和原始人类双重特征的地猿开始出现。

约 290 万～390 万年前

会采集植物和果实的阿法南方古猿开始生活在大地上。

去人类的身体里旅行

水是人类身体重要的组成部分，占成年人体重的 60% ～ 70%。

人们喝水时，水进入喉咙，不仅能解渴，还能促进口腔内形成分解食物的唾液。

约 250 万年前

心灵手巧的能人出现，他们会制作石器、追捕小猎物，还会搭建简单的家。

约 20 万～ 200 万年前

直立行走姿势十分完美的直立人在大地上流浪。

约 1 万～ 20 万年前

和现代人很像的智人出现，他们会制作比较复杂的工具和饰品，他们产生了自己的文化与对美的追求。

水经过消化道，滋润着鼻咽和气管上的黏膜，让呼吸更通畅。

水进入胃部和肠道，促进消化吸收，保证排便通畅。

水会挤进骨头的缝隙，滋润关节，让骨骼关节减少摩擦，更加灵活。

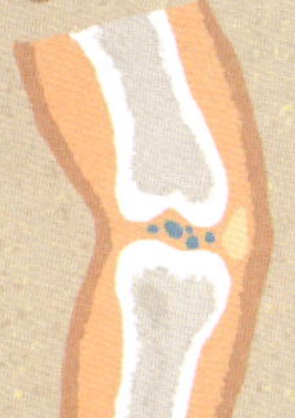

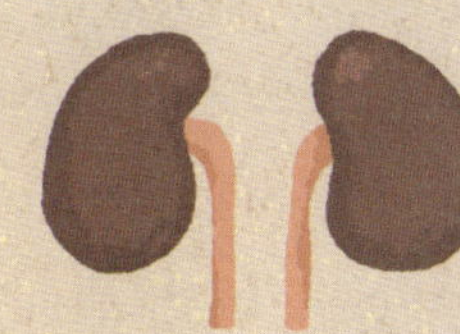

水在进入身体大概 60 分钟后，会跟着血液去身体的各个角落旅行。

水还会跑进身体的细胞里串门，把营养物质和氧气送给细胞，再从细胞里把垃圾带出来，通过肾变成尿液排出体外。

流淌在河边的往事

人类离不开水，于是在河边聚集起来。他们一起搭建房子、追捕猎物，寻找着生活的方法，摸索着如何做出衣服，甚至还学会了用水灌溉土地种植粮食。

沿河而生的四大文明古国

大约 5000 ～ 6500 年前，流淌在世界各地的大河边诞生了四个文明古国。

会种植水稻的良渚人

当世界各地大部分的人类都在吃粟和麦子时，长江下游出现了一群在水田间种植水稻的良渚人。

他们发明了可拆卸的三孔犁，大大加快了开垦土地的速度。

他们会把收获的水稻晾晒后储存起来。

他们还用小河连接起良渚城和农田，驾船运送粮食。

当河流生气时

我在长江、黄河住了很长一段时间，看着河边的人变得越来越多，他们利用河水做了很多有趣的事情。哪怕河水有时变成一只乱发脾气的“怪兽”，他们依然寻找着与它做朋友的办法。

人们利用水车，灌溉农田。

人们发明了打井技术，从此不用到河边也能用上水。

利用水磨，更省力地工作。

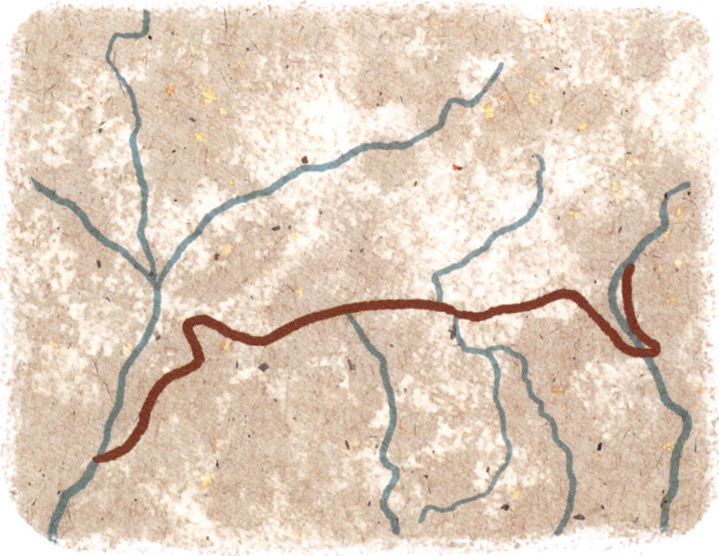

灵渠——世界古代水利建筑明珠

公元前5世纪初，中国人在大地上开凿了能连通各个地方的大运河。为了应对时而汹涌、时而干涸的河水，人们修建了许多了不起的水利工程。

灵渠的修建就展现了那时人们面对河水的聪明才智。它不仅具有运输和灌溉的功能，还包含了3个重大发明。

发明1

利用“人”字形水坝，截断水流。雨水多的季节，能将水引走，避免洪水。枯水的季节，则能改变河水的流向，将其引入新的河流。

发明2

巧妙地用铸铁件连接大坝上的石块，使其巨大又稳固，几千年后依旧能完好如初地工作。

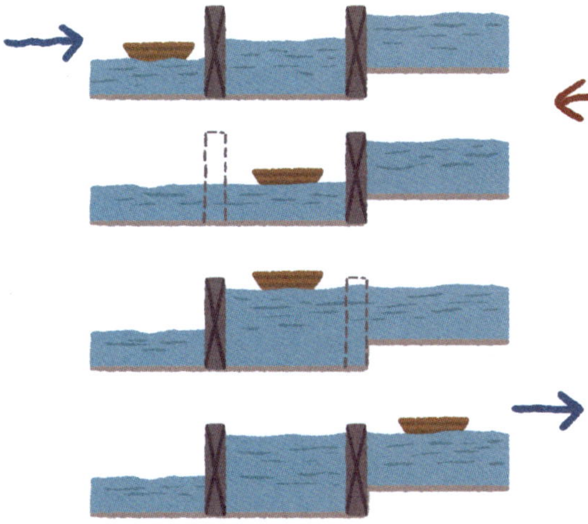

发明3

人们发明了船闸，船可以利用浮力垂直升降，从低水位的河道驶进高水位的河道，水位高低不同的地方就能相互通航。

奇思妙想的中国人

造纸术
（大约公元前 2 世纪）

中国人发现植物的纤维不仅能做衣服，还能做出轻薄的纸。一个叫蔡伦的人，改良了造纸的技术。在岩壁、泥板、动物骨头与竹片上写字画画的人们，又多了一种新的选择。

指南针
（大约公元前 4 世纪）

中国人在开采矿石时，发现了一种具有磁性的石头，并用这些石头做成了能指明方向的司南。世界上最早的指南针就这样诞生了。

方便骑马的马镫
（大约公元 3 世纪）

早在 7000 多年前人类就开始学会骑马，但只能坐在马背上用臀部支撑身体保持平衡。一旦马飞快地奔跑起来，人们就很容易从马上掉下来。但自从中国人发明了马镫，骑马的人就能以左右脚作为支点，骑着马在大地上奔跑，去到更远的地方。

奏出乐声的编钟
（大约公元前 6 世纪）

很早很早以前中国人就对音乐十分喜爱。他们用丝线、竹子、木头、动物的骨头或皮毛制作出了很多能发出美妙声音的乐器。编钟是世界上最早的金属组合乐器，也是中国人将冶炼技术和声学知识完美结合的艺术结晶。

火药
（大约公元 7 世纪）

一些想要长生不老的中国人，迷上了炼制丹药。他们一次次把奇怪的东西放进炼丹炉，偶然间炼出了爆炸力十足的火药。阴差阳错出现的火药推动了人类文明的发展。

印刷术
（大约公元 7 世纪）

在木板上刻出凸起的反字，刷上墨汁，盖上纸轻轻平压，中国人用这样的方式发明了雕版印刷术。做一本书不再依赖人们费时费力地用手抄写，印刷术让人们能大批量地复制图书，人类的智慧开始更方便地传播开来。

一滴水的新游戏

我还和中国人玩了不少有趣的游戏。他们用水炖煮树叶，冒着清香的茶诞生了；他们用水打湿泥巴，放进滚烫的大火炉，美观实用的陶瓷诞生了；他们用水浸泡蚕茧，像蜻蜓翅膀那般透明轻柔的丝绸诞生了。这些物品中国人很喜欢，很快世界各地的人们也都爱上了它们。

茶叶传奇

传说最早发现茶叶的是中国的农业先驱者神农。他为了寻找食物和草药，尝遍百草，无意间发现了生津止渴的茶叶。

茶叶在中国的大地上流行起来。有的人喜欢把它炒干后再冲泡；有的人喜欢把它和各种食物一起捣碎后泡水喝；还有的人喜欢把它磨成粉，打出泡沫并在上头写字画画。

加工方法的不同，让茶叶有了千变万化的模样，不过中国人将它们分为6大类：绿茶、白茶、青茶（乌龙茶）、红茶、黑茶、黄茶。

唐朝时，一个叫陆羽的人，还专门写了一本《茶经》，里头仔仔细细地介绍了关于茶的一切。后来人们把《茶经》当作茶叶的百科全书，更把陆羽尊称为了不起的“茶圣”。

瓷器故事

早在1万年以前，人们就学会了用风干后的黏土烧制陶器。但当时的陶器粗大笨重，不结实还不耐用，而且特别容易吸水，留下食物残渣。中国人便开始不断改进烧制泥土的技术，做出了好看又耐用的瓷器。

烧制瓷器的秘技

秘技1 选用瓷土作为原料。

秘技2 在1200摄氏度以上的瓷窑里烧制。

秘技3 烧制时为陶瓷裹上一层玻璃般透明的釉。

丝绸秘密

大约5000多年前中国人就开始养蚕制丝，并发展出一种独有秘密技术。古时候，很多异域的领主为了得到丝绸，愿意花上好几袋黄金来交换。秦汉时期，纺织丝绸的技术变得越来越好，对丝绸的需求越来越多。当时的人们甚至开辟了一条从中国骑着骆驼到西域的“丝绸之路”，用来买卖丝绸。

丝绸是怎样来的?

缫丝

把蚕茧放在热汤水中煮熟，从上头抽出生丝。

织造

将丝线按照要求相互交织成丝织物。

印染

给丝织物染色或印上好看的花纹。

沿着大海去远方

为了交换更多有趣的物品，为了探秘世界的未知角落，在指南针的指引下，越来越多的人驾船穿过无垠的大海。有时我会化成海上的小浪花，看着来来往往忙碌的大船，或推着大船驶向我从未去过的地方……

了不起的探险家

马可·波罗

出身于威尼斯的马可·波罗写下了他在东方大地旅行的故事。通过《马可·波罗游记》，欧洲人发现了东方古国的神秘与美丽，都想出发去世界的另一边看看。

郑和

不仅西方的探险家在大海上航行，1405年，中国明朝的皇帝派郑和在印度洋上开辟新的航线，将“海上丝绸之路”的发展推向巅峰。郑和前前后后在海上探险了7次，不仅研发了很多航海的新技术，还让周边的国家见识到了中国的强大。

一点点发生变化的船

筏

浮在水上的木头，让人们找到了漂在水上的方法。他们将这些木头连在一起就做成了筏这种最早的船。

独木舟

后来人们又想到，找一根大大的木头，将里头挖空，能载人载物的独木舟就诞生了。

橹

为了让船在水面上行驶得更快，人们发明了桨。但用桨划船不仅吃力，还会让船摇摇摆摆。公元前1世纪的时候，中国人发明了橹，它能像鱼的尾巴一样为船提供稳定的推动力，划起来更省力。

达·伽马

1497—1498 年，从小深受航海家父亲影响的葡萄牙人达·伽马，顺着印度洋的风找到了通往印度的航线。

哥伦布

受西班牙女王的资助，哥伦布在 1492 年开始向西出发寻找通往印度洋的航线。但他没有发现亚洲，却意外找到了一块名为美洲的新大陆。

麦哲伦

当欧洲人迷恋上东方香料的滋味，一批批寻找香料的探险家开始在海上穿行。1519 年，来自葡萄牙的麦哲伦也加入寻找香料的船队。他们乘风破浪找到了南美洲通往太平洋的海峡。经过三年的旅程，麦哲伦的船队完成了人类的第一次环球之旅，证明了地球真的是一个圆圆的球。

舵

如何省力又安全地改变船在水中行驶的方向？几千年间，这问题难倒了无数的航海家。公元 1 世纪，中国人发明了舵，舵能利用水自身的力量改变行船的方向。

帆船

为了让船在大海上行驶得更快，人们给船插上船帆，借助风的力量将船推向更远的地方。

帆船的发明让海上的探险变得不再艰难与漫长。

改变世界的机器

风的力量、水的力量，还有动物的力量都慢慢不再能满足人们的需求。

人类渴望更强大的力量来帮助自己，这一次他们发现了水蒸气的力量。

18世纪中期—19世纪中期

第1次工业革命迎接蒸汽时代

人们对水蒸气的力量进行了深入研究，英国机械师瓦特在前人研究的基础上改良出一种效率很高的新型蒸汽机，还创造了一个叫“马力”的单位来计算蒸汽机释放的能量。马力，相当于一匹健壮的马劳作时的能力，换算一下大概是1秒之内把75千克重的物体举到1米时所做的功。

蒸汽机不仅帮助人们更快地生产出更多的物品，还带来了蒸汽机车这种新型的交通工具。人们将马拉列车的木轨道改装成铁做的轨道，冒着长长浓烟、“呜呜”轰鸣的蒸汽机车便飞驰在大地之上。蒸汽机车迅速拉近了城市与乡村之间的距离，也完全改变了人们的生活方式。

19世纪末—20世纪初

第2次工业革命迎接电气时代

蒸汽的力量令人们赞叹，电与磁的能量又让人们着迷。早在2500多年前，古希腊人就发现摩擦琥珀会产生能吸住小物体的电。到了1821年，能将电转化成机械运动的电动机和能让人们看见电荷运动的电流表诞生了。

1871年，意大利人梅乌奇为照顾腿脚不便的妻子，发明了最初的电话。

1879年，新闻上说有个叫爱迪生的美国人做了几千次实验，发明了照亮黑夜的电灯。

1886年，德国人本茨为拯救快破产的公司，发明了最初的汽车。

1888年，听说法国人勒普兰斯发明了让人们能看到梦境般影像的电影。

20世纪中期—21世纪初

第3次工业革命迎接信息时代

在即将告别19世纪的时候，科学家们发现了比原子更小的微粒，他们给这种微粒取名为电子，并探索着如何将它融入新的发明中。

1938年，通过电子轰击实验，科学家们解开了原子核的奥秘，开始寻找利用核能的方法。

1946年，能帮助人类处理多种信息的计算机诞生。

1957年，世界上第一颗人造卫星发射成功，人类开始探索太空的秘密。

流动着水光的城市

穿梭于云层的飞机、翻山越岭的高铁、忙忙碌碌的轮船，它们串联起一座座灯火辉煌的城市。我常常望着水中城市的倒影，赞叹人类了不起的创造力。人们的生活不停地改变，但我依旧是他们最重要的伙伴。

下水道：收集着人们每一天在生活中产生的污水，也收集着天上突然落下的雨水，并将它们带离城市。下水道让城市变得干净卫生，也让城市不会被水淹没。

水电厂：通过水流的动力带动发电机给城市带来电力。水电厂还有预防洪水，引导河流的作用。

可怕又危险的事

人类的发明改变着世界，改变着地球，也改变着像我一样的每一个小水滴。而一些可怕又危险的事正在慢慢发生……

正在发烧的地球

近几年，人们往空气中排放越来越多危险的气体，其中每年排放的二氧化碳有300多亿吨。这让地球变得越来越热，得了一种名叫“温室效应”的病。有些地方变得无比干旱，有些地方不停下雨引来洪水。大海中翻涌的滚滚热浪，追赶着海里的动物不停搬家，害死了不少生命。

小心厄尔尼诺与拉尼娜

在远处的大洋，常常会出现一对非常强大的“兄妹”。

厄尔尼诺是大哥哥，他有一种魔法，可以让海水变暖，产生更多的水蒸气。这些蒸汽漂浮在空气中，引起大暴雨，甚至是大洪水。

拉尼娜是小妹妹，她拥有让海里的水变冷的魔力。当海水变冷，飞向空气中的蒸汽就会减少，那么雨水也就少了，有些地方可能因此干旱。

这对“兄妹”经常交替出现，影响着海洋的温度、地球的天气，因此，科学家们非常关心他们的一举一动。这关系到地球上的农作物会不会长高，关系到有些地方的人们会不会缺水喝，关系到夏天房子会不会被洪水淹，冬天会不会挨冻……

生病的海水

人们还往大海排放越来越多的生活垃圾和工业废水，大海染上了奇怪的病，变得酸涩又乌黑。漂浮在海里的垃圾被海里的动物们误食，现在连南北极的动物身体里都能发现微塑料。流进海洋的核污水，令所有动物担惊受怕。

变酸的雨水

被污染的天空与海水，形成了从天而降的酸雨。这些雨水腐蚀着城市里的建筑，更伤害着植物、动物以及它们赖以生存的土地。

融化的冰川

越来越热的天气，导致地球上的冰川不停融化。海平面一年比一年高，陆地渐渐变少。原本冰封在冰川中的远古细菌也可能苏醒，带来可怕的疾病。

拯救一滴水

地球上有哪些水？

海水、湖水、河水、地下水、大气水、生物水……

大海里储存着地球上超过97%的水，而可以使用的淡水非常稀少。大部分淡水凝固在北极、南极，还有高高的雪山上。

拯救一滴水（新闻发布会）

工厂要更认真地处理排放的废水，还要发明更多高效的设备，减少污染的产生和水源的浪费。

耕种土地时，要多多使用有机的肥料，避免农药和化肥伤害土地与水源。

我们要常常检测水的质量才能及时给水“治病”，还要保护好大海和水源地才能防止水污染变得更加严重。

每一个人，都可以加入拯救一滴水的行动。爱护水源，节约用水。

爱护水源在行动

不往河里、海里扔垃圾。

不随意丢会污染环境的废电池和过期药品等有害污染物。

减少塑料制的袋子和餐具的使用。

避免在洗衣服和洗澡时使用会污染环境的洗涤剂。

每一滴水要珍惜

淘过米或煮过面条的水，有不错的去油能力，可以用来洗碗筷。

洗菜的水和养鱼的水，能促进草木的生长，可以用来浇花。

洗澡水、洗衣水，积少成多收集起来冲马桶。

刷牙洗脸时，随手关掉水龙头，不浪费每一滴水。

不浪费每一份食物

每一份食物的生产，像面包、牛奶，都需要大量的水。所以不浪费食物，也是在节约水资源。

图书在版编目（CIP）数据

一滴水的奇妙之旅 / 王嵘著. -- 南京 : 河海大学出版社, 2024.5（2025.8 重印）
ISBN 978-7-5630-8983-3

Ⅰ. ①一… Ⅱ. ①王… Ⅲ. ①自然科学—青少年读物 Ⅳ. ① N49

中国国家版本馆 CIP 数据核字（2024）第 100622 号

书　　名　一滴水的奇妙之旅
　　　　　YIDISHUI DE QIMIAO ZHILÜ
书　　号　ISBN 978-7-5630-8983-3
出 版 人　朱婵玲
选题策划　做书的我们
责任编辑　吴　淼
特约编辑　邵　年
特约校对　丁　甲
装帧设计　杭州乐读文化创意有限公司
出版发行　河海大学出版社
地　　址　南京市西康路 1 号（邮编：210098）
网　　址　http://www.hhup.com
电　　话　（025）83786678（总编办）（025）83787476（编辑室）
　　　　　（025）83787771（营销部）
经　　销　江苏省新华发行集团有限公司
印　　刷　南京新世纪联盟印务有限公司
开　　本　787 毫米 × 1092 毫米　1/16
印　　张　2.75
字　　数　40 千字
版　　次　2024 年 5 月第 1 版
印　　次　2025 年 8 月第 2 次印刷
定　　价　46.00 元

王嵘，自然资源部第二海洋研究所副研究员。博士就读于德国魏格纳极地与海洋研究所，获得波茨坦大学古气候学博士学位；美国俄亥俄州立大学访问学者；自然资源部国际合作司（海洋权益司）借调挂职干部；中国第七次北极科学考察队科考队员；多次赴青藏高原、赤道、太平洋和中国海域科考；国家自然科学基金项目主持人，浙江省“钱江人才计划”D类人才；发表科研文章十余篇；《海洋世界》杂志专栏作者；浙江省教育报刊社“中学生天地”杂志特约撰稿人。